法国儿童图解·小·百科

来！打开大自然

[法]克莱尔·查伯特　　[法]瓦莱丽·梅纳德　　著

法国微度视觉　绘

大南南　译

华东师范大学出版社

·上海·

水来自哪里？

water

地球上的水主要分为咸水和淡水。咸水含盐量高，主要来自地球的四大洋：太平洋、大西洋、印度洋和北冰洋。

淡水含盐量低，主要来自河流、湖泊、冰川以及地下含水层。我们喝的水就是淡水。

大多数植物和动物的生存都需要淡水。

水循环
water cycle

　　江河湖海里的水蒸发后，会以雨或雪的形式降落下来，又通过地表和地下的径流回到江河湖海中。这个过程被称为"水循环"。

云层中充满了水。

水以雨或雪的形式降落下来。

海水在太阳的照射下，产生大量的水蒸气。

地表径流

土壤和岩石层

soil   **lithosphere**

    土壤是地球陆地表面的一层疏松的物质。土壤下方是岩石构成的地球外壳。人们可以在岩石层里开采到铁、铜，运气好的话，还能采到金、银和钻石呢！

你脚下的土壤通常是由黏土、沙子、小石子、空气和充满水分的腐烂动植物混合而成的。腐烂的动植物会形成腐殖质*。

植物大多是从土壤中生长出来的。

土壤中生活着许多神奇的小动物，能让土壤变得更肥沃。

季节
season

春季 spring

这是大自然苏醒的季节。植物发芽*、长叶、开花。许多动物在这个时候生下自己的小宝宝。

夏季 summer

这是一年之中最热的季节。植物生长旺盛,许多树木都结出了果子。

秋季 autumn

这是收获的季节。候鸟会迁徙到更温暖的地方,而一些待在原地的动物会开始囤积脂肪和食物,准备过冬。

冬季 winter

这是最冷的季节。一些地方会下雪,地面铺上了一层雪做的"毯子",许多大树都失去了叶子,变得光秃秃的。

植物
plant

大部分植物的叶子中有一种绿色的物质,这种物质在光照的作用下将水和二氧化碳*转化为植物的"食物",这种现象叫作"光合作用"。植物可以通过光合作用产生我们呼吸时所需要的氧气。

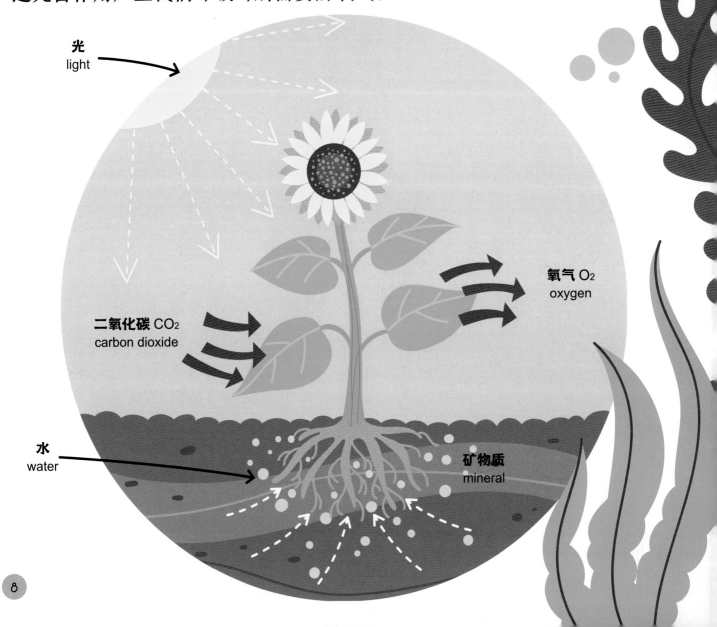

光
light

氧气 O_2
oxygen

二氧化碳 CO_2
carbon dioxide

水
water

矿物质
mineral

藻类、苔藓和蕨类是在地球上较早出现的植物,它们既没有种子也没有花。

绝大多数藻类植物在水中生长,结构简单,没有根、茎、叶的分化。

春天一到,许多蕨类植物都会舒展自己的嫩芽,嫩芽的形状很像小提琴的琴头。

苔藓植物个头儿矮小,喜欢成片地生长在阴凉潮湿的地方。

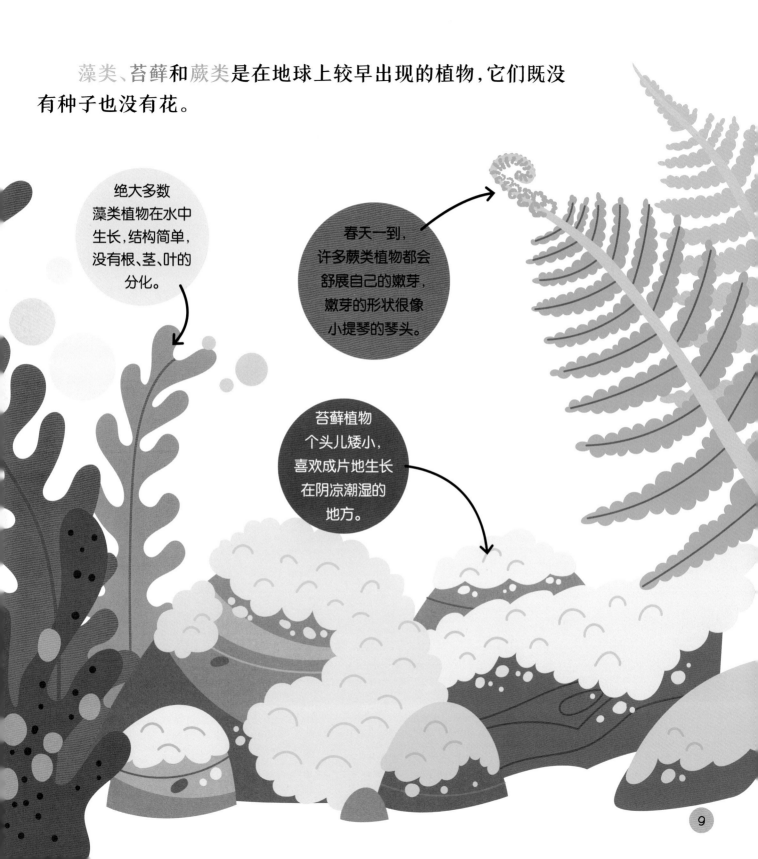

9

开花植物诞生于恐龙时代。

花朵能生产花粉★。花粉可以通过风和昆虫进行传播。

植物的根可以吸收水分，水分再通过茎到达植物全身。和根不同，茎喜欢向上生长。

发芽
germination

种子吸收很多水分,慢慢膨胀。

种子胀得太厉害了,外皮都裂开了!

种子长出了根。随后,第一批叶子也长了出来。

种子的根继续在地下生长。

植物通过叶子吸收太阳光来获取养分。

植物已经完成发芽的过程,长成了一株幼苗。

树
tree

一棵树由下而上，通常由树根、树干、树冠等组成。

根据树叶形状的不同，树可以分为两大类：阔叶树和针叶树。

氧气 O_2
oxygen

树木可以产生氧气，还可以吸收有害气体。

树干上部带有枝叶的部分就是树冠。

二氧化碳 CO_2
carbon dioxide

树干是树的主体部分，每年都会长粗一圈。

树皮像盔甲一样，对树干和树枝具有保护作用。

树根向下生长，可以牢牢地将树木固定，帮助树木吸收土壤里的水分和养料。

阔叶树
broad-leaved tree

阔叶树的叶子形状较宽,许多阔叶树都会在秋天落叶。

春天 spring

阔叶树通常长出鲜嫩、淡绿色的新叶。

夏天 summer

树木郁郁葱葱,树叶的颜色往往更深了。

秋天 autumn

树叶开始变黄、变红,然后掉落在地上。

冬天 winter

叶子都掉光了。

针叶树
conifer

针叶树长着针状树叶。

针叶树上长出来的球果里装满了种子。

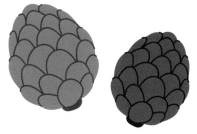

大部分针叶树全年都是绿色的,如冷杉、红松、云杉、侧柏;也有些种类的树到了秋天,叶子会变黄、脱落,如落叶松。

棕榈科
Palmae

棕榈是一种常绿树木,种类丰富,广布于热带和亚热带。

椰子树属于棕榈科,它的果实是椰子。

芭蕉科
Musaceae

芭蕉科家族的成员(如香蕉)也喜欢生活在炎热的地区。

香蕉的植株★乍一看,和棕榈有几分相似。不过,它可不是树哦,和棕榈也没有"亲戚"关系。

枣椰树是一种生长在沙漠中的棕榈科植物,它的果实是椰枣。

仙人掌
cactus

尽管仙人掌可以长得非常高大，但它不是树。这种植物非常耐旱。

仙人掌的刺其实是它退化了的叶子。

我们可以通过长在小小的茸毛垫上的刺来辨认仙人掌。

梨果仙人掌原产于墨西哥，我们还能吃它的果子。

仙人掌也可以开花，花朵颜色丰富，非常漂亮。

仙人掌通过根吸收水分并获取养分。

蘑菇
mushroom

蘑菇不是植物，而是一种真菌，通常出现在潮湿的地方。你在草丛里、树干上，都能见到蘑菇的身影。

你知道吗？
有些蘑菇会在黑暗中发光。

有些蘑菇可以食用，有些蘑菇却有剧毒！千万不要随意采摘野外的蘑菇。

有趣的蘑菇

松露

味道十分鲜美，而且珍稀昂贵。

阿切氏笼头菌

又叫"恶魔手指""章鱼臭角"，能散发臭味。

鹿花菌

小心！鹿花菌有毒，甚至会致人死亡！

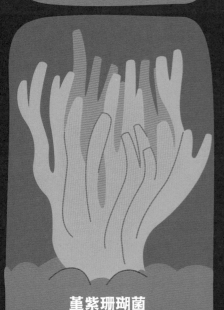

堇紫珊瑚菌

看上去就像一丛丛小珊瑚，可以制药。

竹荪菌

不仅模样美丽，还有丰富的营养。

猴头菌

长在树干上，营养丰富，味道美极了！

水生食物链★
aquatic

俗话说:大鱼吃小鱼,小鱼吃虾米……这种食物链让所有生活在水中的物种都有食物可吃。

浮游动物:
磷虾

浮游植物:
微型藻类

虾

小型鱼类:
沙丁鱼

人类的食物不止一种,其他动物也一样,一条食物链并不能完全概括动物的"菜单"。

虎鲸、鲨鱼

海豹

章鱼、
枪乌贼

金枪鱼

陆地食物链
land

在陆地上，植物是食草动物*的食物。食草动物又是食肉动物*的食物。死去的植物和动物腐烂后，不仅为微小的动物提供了食物，还能让土壤变得更加肥沃，促进植物生长。这是一个完整的链条！

仔细看图，你还能找到其他食物链吗？

分解者：蚯蚓、蚂蚁、蘑菇

草、叶子

野兔

狼、猞猁

野猪

食物链1：花蜜→蝴蝶→青蛙→浣熊→狼
食物链2：果实、种子→老鼠→猫头鹰

鸟
bird

松树
pine

蝙蝠
bat

狍
roe deer

狐狸
fox

蘑菇
mushroom

地衣
lichen

花鼠
chipmunk

蕨类植物
fern

森林
forest

森林被植被覆盖，生长着大片大片的树木和野草，食物丰富，是动物们的理想家园。

荨麻
nettle

老鼠
mouse

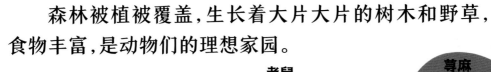

橡树
oak

猫头鹰
owl

熊
bear

食肉动物可以在森林中找到它们喜欢吃的昆虫、鸟和老鼠等。

狼
wolf

松鼠
squirrel

兔子
rabbit

啄木鸟用自己的喙在树上钻洞。

猫头鹰的夜视能力很强，猎物休想逃过它的眼睛。

山雀能倒挂在树上！

热带雨林
tropical rainforest

热带雨林是位于热带的大森林，那里炎热、潮湿，经常下雨。美洲、非洲、亚洲都有热带雨林。

巨嘴鸟
toucan

蚺蛇
boa

瓢虫
ladybird

蝴蝶
butterfly

蜥蜴
lizard

生活在
地面上的动物
几乎不会与生活在
林冠层★中的
物种碰面。

在非洲，我们可以看见:

猴子
monkey

变色龙
chameleon

大猩猩
gorilla

在亚洲，我们可以看见:

豹
leopard

红毛猩猩
orangutan

亚洲象
Asian elephant

孟加拉虎
Bengal tiger

树懒
sloth

柽柳猴
tamarin

美洲豹
jaguar

箭毒蛙
arrow-poison frog

大食蚁兽
giant anteater

亚马孙雨林
Amazon rainforest

位于南美洲的亚马孙雨林是地球上最大的森林，被地球上第二长的河流——亚马孙河穿过。人们称它为"地球之肺"。

通常，蕨类、兰花、苔藓等不能在热带雨林的地面上很好地生长，因为它们无法得到充足的阳光，于是便会长在树干上。

蚺蛇
boa

松鼠猴
squirrel monkey

金刚鹦鹉
macaw

闪蝶
morpho

蕨类
fern

兰花
orchid

苔藓
moss

草原
grassland

草原是生长着大片野草和一些耐旱树木的广阔土地。非洲草原位于热带，那里只有两个季节——干旱少雨的旱季和湿润多雨的雨季。

狮子
lion

非洲象
African elephant

斑马
zebra

鸵鸟
ostrich

雨
rain

这是
猴面包树，
它巨大的树干中
储存着大量
的水。

羚羊
antelope

长颈鹿
giraffe

疣猪
warthog

水洼
puddle

鬣狗
hyena

犀牛
rhino

高山
mountain

在高山上生活的植物和动物必须学会适应寒冷的天气和强风。由于高山地势陡峭，那里的许多动物都擅于攀爬和保持平衡！

5 这里几乎常年被积雪覆盖，十分寒冷。

这里只有岩石和苔藓，有时还覆盖着白雪。 **4**

3 这里只有冷杉等耐寒针叶树。

这里生长着针叶树和阔叶树。 **2**

1 这里生长着庄稼和阔叶树。

藏绵羊
Tibetan sheep

亚洲的喜马拉雅山脉是世界上海拔最高的山脉，最高峰珠穆朗玛峰高约8848米。

金雕
golden eagle

雪豹
snow leopard

山羊
goat

棕熊
brown bear

雪鸡
snow cock

牦牛
yak

小熊猫
red panda

31

枣椰树
date palm

眼镜蛇
cobra

蝎子
scorpion

狐獴
meerkat

狼蛛
wolf spider

沙漠
desert

沙漠的地面上覆盖着厚厚的沙子，气候非常干燥。那里植物稀少，但非常耐旱。为了适应恶劣的环境，许多沙漠动物都可以在没有水和食物的情况下存活很长时间，如骆驼。

单峰驼
dromedary

耳廓狐
fennec

狞猫
caracal

白天，沙漠的地表气温可以攀升到60℃。晚上，地表气温可以降到10℃左右。

绿洲仿佛沙漠中的绿色小岛，由水和植物组成。

枣椰树是绿洲中常见的树木之一，果实像枣，营养丰富。

青蛙
frog

大蓝鹭
great blue heron

鸭子
duck

鲑鱼
salmon

鳟鱼
trout

湖泊
lake

湖泊是被陆地包围的大片积水。与河流相比,湖泊的水面通常很平静。

白斑狗鱼
northern pike

海鸥
seagull

蜻蜓
dragonfly

加拿大黑雁
Canada goose

鲟鱼
sturgeon

睡莲有圆形的叶子和浮在
水面上的花朵。

香蒲是一种长有圆筒状
花穗的植物。

池塘
pond

池塘十分潮湿,比湖泊小很多。那里生活着各种各样的小动物,热闹极了!

鹭
heron

青蛙
frog

乌龟
turtle

青蛙的宝宝是蝌蚪,生活在水里。

藻类
algae

翠鸟
kingfisher

蜻蜓
dragonfly

香蒲
bulrush

鸭子
duck

母鸭子把巢筑在池塘边的草丛中。

鲶鱼
catfish

海洋
ocean

我们生活的蓝色星球,表面大部分被海洋所覆盖。这些广阔的咸水水域非常深,不过大多数海洋动物都生活在离水面较近的水层。

蓝鲸
blue whale

水母
jellyfish

章鱼
octopus

海豚
dolphin

金枪鱼
tuna

沙丁鱼
sardine

鲨鱼
shark

大王乌贼
giant squid

海洋的最深处位于太平洋，深度甚至超过了珠穆朗玛峰的高度！

珊瑚礁
coral reef

珊瑚看起来像植物,但其实是由许多珊瑚虫的独特骨骼聚集而成的。珊瑚大片地堆积起来,会形成珊瑚礁。数不清的海洋动物生活在珊瑚礁中。

鹦嘴鱼
parrot fish

海马
sea horse

小丑鱼
clownfish

柳珊瑚
gorgonian

海葵的触角有毒,可以保护小丑鱼免受捕食者的攻击。

海葵
sea anemone

狮子鱼
snailfish

蝠鲼（又称"魔鬼鱼"）
manta ray

巨蛤
giant clam

红珊瑚
red coral

海绵动物
porifera

41

北极熊
polar bear

雪鸮
snowy owl

北极兔
polar hare

驯鹿
reindeer

麝牛
musk ox

北极狐
arctic fox

北极
the North Pole

北极位于地球的最北端,冬天完全被黑暗笼罩,而夏天就算是夜晚也能看到太阳。

弓头鲸
bowhead whale

独角鲸
narwhal

海象
walrus

浮冰是一层浮在水面上的冰。

冰山是浮在海洋上的巨大冰块。

在北极可以看见极光。

南极洲
Antarctica

南极洲是围绕地球最南端——南极的大陆，气候十分寒冷。那里植物稀少，大多数动物在海中或沿岸生活。

帝企鹅
emperor penguin

毛皮海狮
fur seal

南极燕鸥
Antarctic tern

韦德尔氏海豹
Weddell seals

海燕
petrel

虎鲸
killer whale

食蟹海豹
crabeater seal

冰鱼的
血液不会结冰，
因为里面含有
防冻物质。

冰鱼
icefish

磷虾
krill

有趣的植物
interesting plants

巨杉被称为"世界爷"，高可达110米。

北极柳最高也不过25厘米，看上去就像一蓬野草。

刺果松的寿命可达5000岁，是最长寿的植物之一。

美丽的睡莲是世界上最早出现的开花植物之一，曾与恐龙生活在同一时代。

竹子生长速度特别快，有些一天能长高1米。

大王花是最大的花，重可达10千克，花冠直径可达1米。

有趣的动物

interesting animals

长颈鹿的身高可达6米，是个头儿最高的动物。

蓝鲸是体型最大的动物，体长可达33米。

有的蛙类身长不足1厘米，可以放在人的指甲上。

游隼是飞行速度最快的鸟类之一，俯冲时速可达360千米。

树懒不爱运动，总是慢悠悠的，通常每分钟只能爬2米左右。

海绵动物的寿命很长，有的能活11000年。

词汇表

腐殖质 (humus)：地面土壤的组成部分,主要是由死亡的动植物残体完全腐烂后形成的。

芽 (bud)：植物刚长出来的部分,可发育成茎、叶或花。

二氧化碳(carbon dioxide)：一种无色无味的气体,我们呼吸时会排出它。

花粉 (pollen)：一种含有雄性细胞的小粉粒。

植株(plant)：包括根、茎、叶等部分的成长的植物体。

食物链(food chain)：也叫营养链,各种动植物彼此之间捕食和寄生形成的一种联系。

食草动物 (herbivore)：以植物为食的动物,如羊、牛、鹿等。

食肉动物 (carnivore)：以肉类为食的动物,如狮子、老虎、蛇、猫头鹰、狐狸等。

林冠层 (canopy layer)：森林的顶层,由互相连接在一起的树冠组成。